# THE FAMOUS DESIGN

亚太名家别墅室内设计典藏系列之四　一册在手，跟定百位顶尖设计师
不可不看的别墅风格大全

# 欧美格调

北京大国匠造文化有限公司·编

U0199180

中国林业出版社
China Forestry Publishing House

## 图书在版编目（ＣＩＰ）数据

亚太名家别墅室内设计典藏系列. 欧美格调 / 北京大国匠造文化有限公司编. -- 北京 : 中国林业出版社,2018.12

ISBN 978-7-5038-9855-6

Ⅰ.①亚… Ⅱ.①北… Ⅲ.①别墅－室内装饰设计Ⅳ.①TU241.1

中国版本图书馆CIP数据核字(2018)第265942号

责任编辑：纪　亮　樊　菲
文字编辑：尚涵予
特约文字编辑：董思婷

出版：中国林业出版社（100009 北京西城区德内大街刘海胡同7号）
网站：http://lycb.forestry.gov.cn
E-mail：cfphz@public.bta.net.cn
印刷：北京利丰雅高长城印刷有限公司
发行：中国林业出版社
电话：（010）8314 3518
版次：2018年12月第1版
印次：2018年12月第1次
开本：1/12
印张：13.5
字数：100 千字
定价：80.00 元

# |亚太名家别墅室内设计典藏系列之四|目录|

## |中式风韵|都市简约|原木生活|欧美格调|异域风情|自由混搭|

# 端
## *Dome*

主案设计：李新喆
项目面积：550平方米

■ 立，坚正之本也，留高穹，去三板，通中庭收斜阳。
■ 山，自然之重也，采石纹，纳云理，摘星光架阶梯。

立山而华，是端也，端为正，为居高而稳，为四角齐全，为大气所在。

立，坚正之本也，留高穹，去三板，通中庭收斜阳。

而，转折之巧妙也，曲而不狭，直而不板，点金便似游刃。

山，自然之重也，采石纹，纳云理，摘星光架阶梯。

以设计服务生活，以长远规划脚下，为未来的无限可能夯实强大基础，又赋予业主无穷的发展空间，将设计恰到好处地镶嵌进生活当中。

一层平面图

二层平面图

# 一池山水，轻舟行

## European Mix

主案设计：杨星滨
项目面积：444平方米

- 西方技法融合东方神韵，古典与现代的结合。
- 该项目侧重于生活之本与艺术之美的完美结合，居住功能与意境美的最大化实现。

　　采用东方大切块方式，大开大合，深含东方文化，内蕴刀凿大形，斧切大块，从容把握，轻松勾勒，在生动的影像之中，透溢出来自华夏文化的渊远流长。

　　软装的陈设中，客厅大面积灰色，烟波浩渺、水墨丹青的主旋律，写意的牡丹花，磅礴的山水画，水晶太湖石、艺术品，在细节上勾勒出现代、东方、人文主旋律。

　　客厅淡雅的玉石色调将空间显得格外优雅飘逸，极具气质却不浮夸；餐厅吊灯与宝石色座椅的搭配，加上设计师由竹节引申出来的餐灯，点亮居家的每一场烛光晚餐……这是理想的设计，也是现实的家。

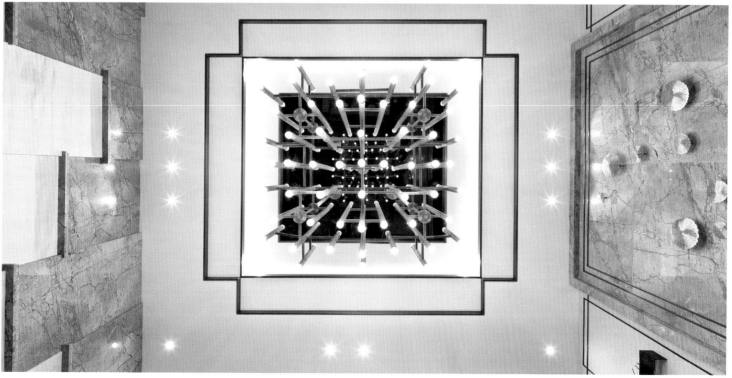

# 曼哈顿陈公馆

## Chen Gong hall, Manhattan

主案设计：姚小丽
项目面积：350平方米

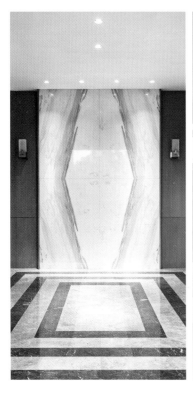

- 创造一个放松心灵的温馨居所。
- 美感与奢华并存的现代主义调性，并能雅俗共赏。
- 将本作品最终定位为具有艺术品质的现代雅奢风格，并坚持以人为本的设计理念。

　　为了能够获取更多的灵感，我不断想象自己在这个空间里面生活的场景，在空间、材质、色彩、光线等方面进行综合协调、考虑，致力于呈现出具有自然与艺术气息并存的现代家居环境，为客户提供舒适的居住体验和极高的精神享受。

　　本案是地处温州江滨路段的一个二楼跃层户型，总面积350平方米，虽然三面采光，但是楼层低矮，南北距离狭长，空间琐碎，房间窗梁又大又低，在深入了解客户对空间使用功能的需求后，我决定打通原有各空间，将其重新组合，并把几个空间进行向外拓展，并额外增加了些附属空间，比如攀岩区、健身区等。在把整个空间布局重新归整之后，将大量自然光线引入室内，利用天然的光影效果丰富了空间的层次感。结合高级灰的包容性以及智能灯光和背景音乐的辅助配套，最终打造出一个开放、高级、富有乐趣的现代居住空间。

# 韵·心宿
## Charm · Dream home

主案设计：黄毅
项目面积：380平方米

■ 一些有趣且色彩饱和的陈设点缀其中。
■ 极具个性色彩，空间宽敞舒适。

　　以高级灰作为基调的居住空间里，一些有趣且色彩饱和的陈设点缀其中，它们似乎在诉说着一种不可名状的灵动和自由。

　　在保证空间功能的完整性和主次关系的前提下，目之所及处不张不扬，一切都在画面中相依而存，有序而生，让视觉达到某种平衡。

　　区域的大小、疏密、隔断方式带出的节奏以及次序感，都在这个聚着灵气的空间中敞开动人的一面。丰富且不均匀的肌理使整个空间看上去颇具创意，又在情理之中。极具个性色彩，空间宽敞舒适。

# 绅蓝公寓
## *Blue Apartment*

主案设计：葛晓彪
项目面积：187平方米

- 高饱和度色彩，让人眼前一亮。
- 色块的区域划分巧妙，使每个空间都有独特的气质。

　　这套公寓摒弃了硬装上过于复杂的装饰材料束缚，而是用色彩和软装去搭配，去表达整个空间所能诠释的效果，开启了全新的轻奢路线。设计师使用色彩和驾驭空间的手法新奇大胆。

　　绅士气质的"皇家蓝"加浪漫雅致的"灰度粉"，设计师将这两种色彩完美融入餐厅空间。蓝色与黄色为互补色，蓝色空间里的金色和黑色的点缀，是设计师的点睛之笔，如清冷冬日中的一缕阳光，明媚而炽热。主卧采用静谧的灰蓝色为主调，搭配灰白两色，次卧则用灰粉为主调，红色椅子点亮空间活力。

# 波普
## Pop Art

主案设计：李跃
项目面积：131平方米

■ 大胆运用大量鲜明的色彩，视觉碰撞出火花。

■ 波普风格独特，具有新意。

■ 墙面加上色调温柔的涂料，显得空间青春有活力。

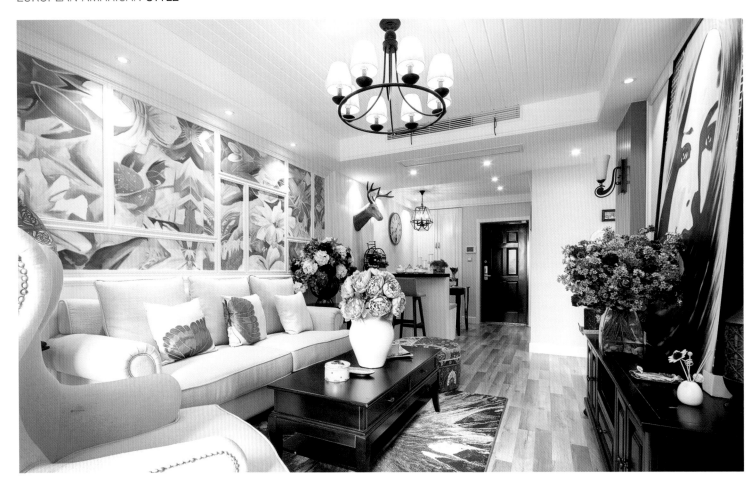

经典美式风格混搭波普风格，体现了追求大众化的、通俗的趣味，新奇与奇特的室内装饰，采用了艳俗的色彩，给人眼前一亮、耳目一新的感觉。设计师大胆运用色彩，用蓝色系和黄色系配以红灰绿色系，将之很好地衔接起来，米黄色沙发与红色条纹地毯的搭配毫无突兀感，表达出了一份独一无二的空间美学。暖色的艺术涂料使空间显得更加温馨，满足主人对小资生活情调的追求。在增加储物功能的同时，也增加了生活功能性，节省了很多空间。

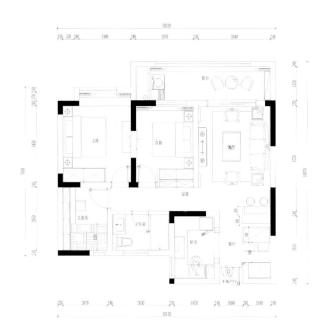

平面图

# 了不起的盖茨比

## *The Great Gatsby*

主案设计：杜奇哲
项目面积：124平方米

■ 通过手绘风景壁画对空间在视觉上进行了延伸，具有新意。

■ 运用大理石地面来搭配吊顶。

■ 进行空间的分割，有层次且不失整体性。

　　设计师以走廊进行功能分区的划分，运用护墙板和壁纸进行空间的延伸，右手是充满生活气息的餐厅与厨房，左手则是休闲客厅，里面是书房空间，整个空间采光通透，敞快明亮。设计师在有限的空间里把功能做到了精细化，满足了客户对生活品质的独特追求。

　　窗外是宽阔的大海，窗内亦是风景。设计师用象牙色的护墙板和手绘壁纸作为立面效果的展现，让人忍不住的去留恋欣赏，仿佛置身于一座浪漫花园中，醉心于迷人的芬芳。

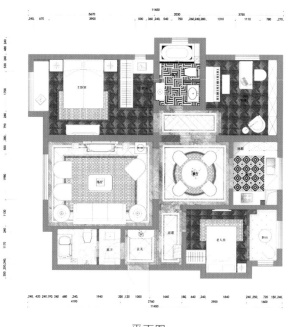

平面图

# 律动的音符

## *Rhythm*

主案设计：满林昌 / 设计公司：大满室内设计
项目面积：200平方米

■ 开放式的练琴区，以架高市质地板方式呈现。
■ 以大提琴琴身颜色的独特性为基础，配合各种颜色
加以调配，呈现沉稳内敛的色调。

　　设计师以音乐为主题，琴键为概念，运用空间中纵横轴线的对应方式，刻意将公共领域的视线界定打开，在回应空间界定的对话中，重新定义及塑造崭新的生活模式。

　　整体空间规划如一场悠扬的音乐盛会，设计核心是以客厅区沙发背墙为轴线布局，在跳跃式的琴键背墙引领下，视线自然延伸至各方，玄关虚实迂回的木质展柜，刻意将视线界定打开，柜中的铜雕乐手巧妙地形塑出空间艺术的氛围。

　　设计师将音乐与艺术的分子注入生活，让生活不再是一种形式，与一成不变。每当驻足于此，彷佛置身于音乐之都"维也纳"。

# 漫步花草间

## *Mansion*

主案设计：张国栋
项目面积：202平方米

■ 金色与蓝色相互点缀，尽显高雅。
■ 花草纹饰遍布空间的各个角落，凸显自然意蕴。

空间优雅大气，蓝色的沙发搭配金色的扶手及实木桌几，高贵典雅之中不失清新，与墙上的壁画和墙面装饰板相互呼应，有一种维多利亚时期的美。

花草纹饰的壁纸和家居装饰遍布房间，在一派典雅之中引入了自然的元素，使得居住环境更加舒适悠然。撷一束花草在家中，生活气息缓缓而来。

一层平面图

# 法国时尚

## French Fashion

主案设计：邹子琪
项目面积：1020平方米

■ 设计优雅细腻，充满时尚气派。

■ 精致饰材及物料配搭，充分突显"法国时尚"的风格。

■ 大型独立衣帽间衬托出法国于时尚不可或缺的特质。

　　丽宫别墅是新生代顶尖豪宅别墅,别墅建筑以典雅和格调堂皇的欧陆风格设计为主。设计师以现代时尚的概念,锐意为年青贵族的业主体验非凡气派的舒适居住空间。

　　业主喜爱追求法国高尚的时尚、奢华风格,对于时尚生活也有其独特的见解。别墅随着业主的表里一致的性格,呈献法式生活中富奢华、多层次的时尚品味。以"法国时尚"为设计蓝本的家居,由现代时尚设计风格为基调,加入精湛工艺、颇具质感的材质,营造出时尚、有品味、独特奢华的时代典雅法式风格。

　　玄关面向特色室内阳台,利用特色花格拼花加上精细大理石拼花图案地台,营造出一个豪华而立体的空间,起居室附有气派大型旋转梯及精细的立体主题墙。全屋以米白、白色为主调,加上香槟金色材质作点缀,融入了现代气息及空间美感,巧妙地带出奢华而温馨的感觉。

# 宅心物语
## *Family*

主案设计：黄莉 / 设计公司：昶卓设计
项目面积：262平方米

- 大胆创新尝试，专门设计带有与之风格相配的纹理瓷砖。
- 空间轴线的对位关系，呈现奢阔精装的高贵空间艺术。

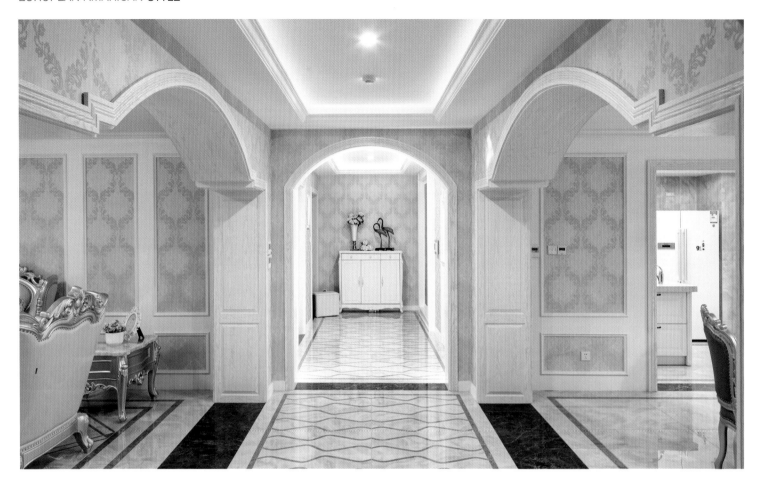

　　这套房子的主人是一个幸福的家族，老爷子和蔼可亲，男主人温文尔雅，女主人温柔贤惠，还有如同王子与公主一般可爱的一男一女两个宝贝。

　　只有欧式的大气才配得上男主人的气质，因此设计师将北阳台纳入室内空间，使这套大宅显得更加霸气；或许只有窗帘布艺的柔软才能衬托女主人的细腻，因而设计师将大气和细腻相整合。

　　沙发的皮料选择、电视背景墙的硬包以及窗帘都经过精心考量，使空间变得十分协调。同样，从华丽的窗帘、璀璨的水晶灯、浪漫的鲜花，仿佛能感受到业主悠然自得的心情。

平面图

# 光铸长屋
## *Lighting the House*

主案设计：唐忠汉
项目面积：281平方米

- 餐桌上方挑高3米的拱型天花。
- 刻意留下市作匠师的技痕。
- 呈现出拼板的技艺。

　　业主长期居住国外，向往欧洲建筑的居住氛围。因此，设计师在设计风格时，则导向台湾室内设计装修非主流的工艺古典风格。

　　设计师在设定空间基础风格后，就以关注业主行为动线的需求，配合女主人对烹饪的兴趣，将室内建筑的核心设置成餐厅，透过4米的大餐桌连接客厅、厨房、书房及卧房，轴线上串连前庭、中庭及后花园，让空间的每个地方都能映入户外的美景，不仅打破空间的隔阂，更增添家人互动的氛围。

平面图

# 美式后工业感

## American Post-industrial Sense

主案设计：张宝山
项目面积：200平方米

■ 颜色饱和度高，色彩搭配运用得恰到好处。

■ 灰色嵌板、复古砖、艺术线条、黑色做旧实市门板，选材有创意，让人眼前一亮。

本案既有传统又能体现当代人群居住方式，体现美式后工业感和设计革新。设计师重新梳理空间，根据功能和动线，大胆改造，重新分割空间，摒弃了多余而繁复的装饰，干净利落的线条和组织严谨的空间构造使整体空间显得高旷宏大、开阔而具灵韵。跳脱的米色餐椅为暗沉空间平添时尚亮色度，在布置精巧的华美吊灯装饰下，刚毅的空间里隐含柔媚风情。

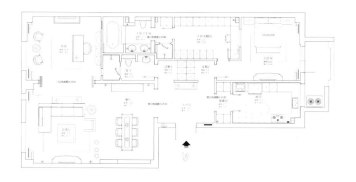

平面图

# 法式优雅
## *French Elegance*

主案设计：张泉
项目面积：300平方米

- 不同形状纹路的市质拼花地板，颇具立体感。
- 富丽的窗帘和水晶吊灯，增添了一分柔美浪漫的气氛。
- 鞋柜墙面的装饰与收纳功能巧妙结合，纯净素雅的色调带来家的温馨。

　　纯法式风格是它独有的标签。设计师以简洁、明晰的线条和优雅得体的装饰，展现出空间中华美、随意、舒适的风格，将家变成释放压力、缓解疲劳的地方，给人以雅典宁静又不失庄重的感官享受。

　　墙面木质护墙和真丝壁纸的运用，把握了法式风格的简洁、对称、幽雅的精髓，表达了一种更加理性、平衡、追求自由——崇尚创新的精神。在卫生间的设计中，设计师引入了酒店的设计理念，为业主带来不同的生活感受！

　　设计师把中国人的一种精致而高贵的生活在本案中体现得淋漓尽致，打造成一个理想中的家的感觉，而不是简单地把法国人的家搬到中国。

平面图

# 灯火阑珊秋意浓
## *Late Autumn*

主案设计：沈烤华 / 设计公司：南京SKH室内设计工作室
项目面积：780平方米

■ 圆形吊顶，在玻璃天花板内镶日光灯管，显得别具一格。
■ 色彩运用得恰到好处，红色窗帘夺人眼球。

　　"灯火阑珊秋意浓"的初步构想就是：秋天是丰收的季节，对于业主来说亦是如此，三代同堂，生活美满，儿女双全，多年的相伴早就使他们融为一体，不分彼此。所以在为他们全家打造这所爱巢时，不由自主就会想到若干年后他们依偎在炉火旁的情景：打着盹，儿孙环绕膝下，一幅其乐融融的画面。设计师常常会觉得，在平凡中过活，是一种罪过，人不能突破自己，也是一种罪过。生活里要有文化，有设计，有艺术，设计就是用来服务生活的。

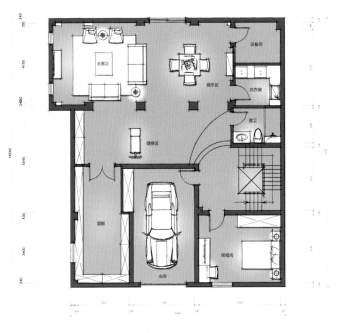

一层平面图

# 白描
## *Line Drawing*

主案设计：梁栋
项目面积：500平方米

- 在墙面上加一些轻轻的色彩，夹带肌理更能衬托出对生活的热爱，对自己内心的追求。
- 色调清新，舍弃繁杂的装饰设计。

　　设计师所秉承的设计理念是"设计是生活本质"，设计要以人为本，很多配饰或设计都应该围绕人去做，像生活中的家具、窗帘之类的东西，要结合业主的品位和定制化要求去做。

　　本案例分为：一楼会客就餐区，二楼男女主人休息区，三楼孩子房，地下室休闲娱乐区。整个房子内部空间并没有过多的繁杂设计，色调以清新素雅为主，但无论身处哪个角度都可以感受到干净利落造型式线条，并体验这返璞归真的闲适氛围。

　　家是每个人心中的一片净土，有着最简单、纯粹的向往。

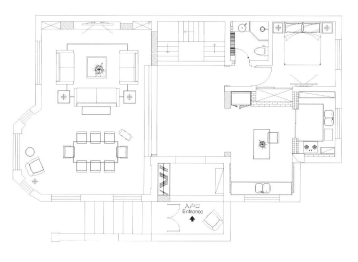

一层平面图

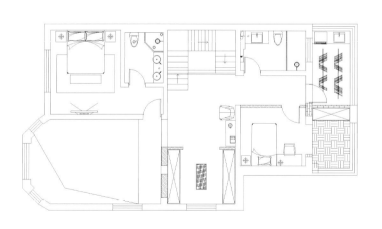

二层平面图

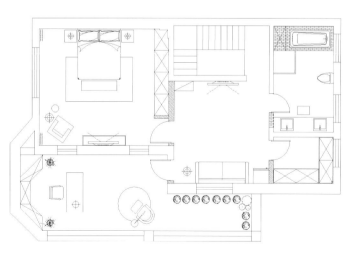

三层平面图

# 悠然见南山

## Sunshine of South Mountain

主案设计：夏冰
项目面积：340平方米

- 美式田园风格，家具材质以白橡市、胡桃市等为主，线条简单，突出原市质感。
- 整体空间功能齐备，收纳功能强大，动线清晰。

　　本案中的所在小区是南山景区这片世外桃源里的理想家园，设计师在绿城理想主义精神的基础上，续写了关于城市贵族度假生活的完美构想。他将风格定义为美式田园，以休闲而略为怀旧的装饰艺术，映照悠然自在的田园风光，展现了一段田园牧歌式的生活场景！

　　设计师将功能区一体化，增强了空间感，也丰富了空间的使用功能。采用木头、石材等天然材质作为主要材料，用质朴的语言诉说了一个关于自然、生活、家的故事。

一层平面图

# 托斯卡纳阳光

## Tuscan Sunshine

主案设计：曹建国
项目面积：292平方米

■ 整体色调分为冷暖两色，增添了空间的层次感。
■ 巧妙地运用灯光，与奶白色墙板相搭，营造一个温馨、舒适的休息场所。

　　整体设计以托斯卡纳风为空间主调，以金色和蓝色作为点缀，它让人想起沐浴在阳光里的山坡、农庄、葡萄园以及朴实富足的田园生活。空间布局简洁舒适，满足现代人对家的向往，考究的装饰画及饰品营造出精致优雅的氛围。

　　休闲舒适的乡村气氛，简朴的家具，奶白色的象牙般的白垩石，出名的金色托斯卡纳阳光，深色的木梁，犹如优雅的田园诗一般镶嵌在这栋住宅内，更有深色的木制家具，光泽的红酒和靓丽的点缀蓝等，各种颜色调和在一起就是托斯卡纳。

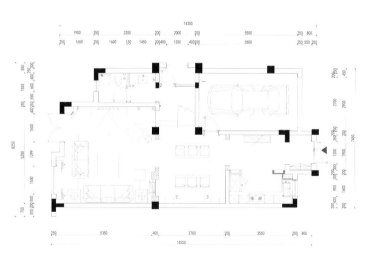

一层平面图

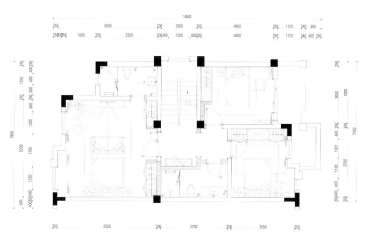

二层平面图

# 法式奢华

## French Luxury

主案设计：王春 / 设计公司：苏州（BEST）博思特高端装饰机构
项目面积：580平方米

- 减少包厢式的感觉，具有强烈的空间层次感。
- 采用分层设计，公共空间风格贯穿楼上楼下。
- 白色墙面与清爽素雅的墙纸搭配，充满活力与浪漫。

设计的整体风格为法式新古典奢华风。设计师在创作中不断追求创新，不断追求完美，环境风格上摒弃繁琐的造型手法，更多的则是提炼经典元素，更加简练大气又不失法式贵气。

本案中，公共活动区域墙面主要以大理石与木饰面结合的设计手法处理，尽显法式新古典所带来的高雅富贵之美。主人休息活动区，墙面主要以花梨木饰面擦色与浅色墙纸相结合的处理手法，沉稳、大气。

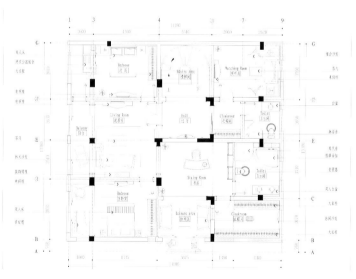

一层平面图

# 复古之雅
## *Retro Elegance*

主案设计：梁苏杭
项目面积：800平方米

■ 灰色调的墙饰和沙发，让人有一种柔软的放松感。
■ 餐厅墨绿色的墙面和餐椅相呼应，体现奢华热情的欧式风情
■ 黑色的铁艺扶手勾勒出了空间的层叠关系。

在设计师眼中，家应该是温暖的、有感情的，它不仅是美丽而温馨的归宿，更是人生漫漫旅途中永远可以停靠的港湾。

门厅的挑高带来了充足的采光，柔和的色彩、复古的石材拼花地面和线条柔美的扶手椅，将步入门厅的客人迅速从灰色调、快节奏的现代环境中抽离出来。客厅两面落地窗充足的采光配合厚重的布帘，营造了松弛和愉悦的气氛。卧室将繁复的家居装饰凝练得更为简洁精雅，为硬而直的线条配上温婉雅致的软性装饰，将古典美注入简洁实用的现代设计中，使得家居生活更有灵性。

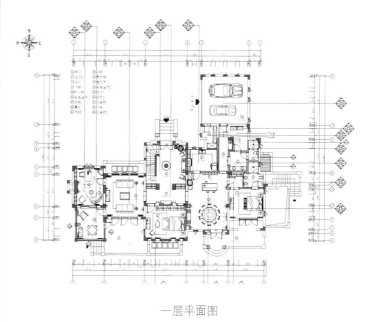

一层平面图

# 穿透岁月的美

## Beauty Through the Years

主案设计：陈熠 / 设计公司：南京陈熠室内设计
项目面积：1700平方米

■ 对称式布局设计，体现空间的庄重与气派
■ 光线的变幻与色彩的搭配，给人轻松明朗的开阔之感

　　所谓"住宅"，必须是能够让人的心安稳、丰富，融洽地持续住下去的地方。那些"居家"不只是单纯的物理空间，而是会散发生命气息的"生命体"。

　　本案将中式的庭院与西班牙风格的建筑融为一体，散发着混搭艺术的独特魅力。设计师在充分考虑业主入住后的舒适感与便捷度后，最终以东西这条横穿线为主轴线，配以纵贯南北的几条辅线，将每个空间的价值都发挥到极致。

　　禅意的古代家居装饰、龙凤锦鲤图样的紫檀家具，具有内敛沉稳的东方韵味。意大利的米黄洞石、细纹的大理石，传递大自然柔软舒展的气息，营造出舒适豪华的氛围。西式油彩壁画、古董屏风隔断等，为空间增添了内敛的藏世氛围。

# 恋恋乡村风

## *The Countryside*

主案设计：任方远
项目面积：560平方米

- 开放式厨房采用奶黄色墙面与碎花窗幔，具有家的温暖。
- 原木色地板，黑色实木大床搭配碎花床单，简单却富含情调。

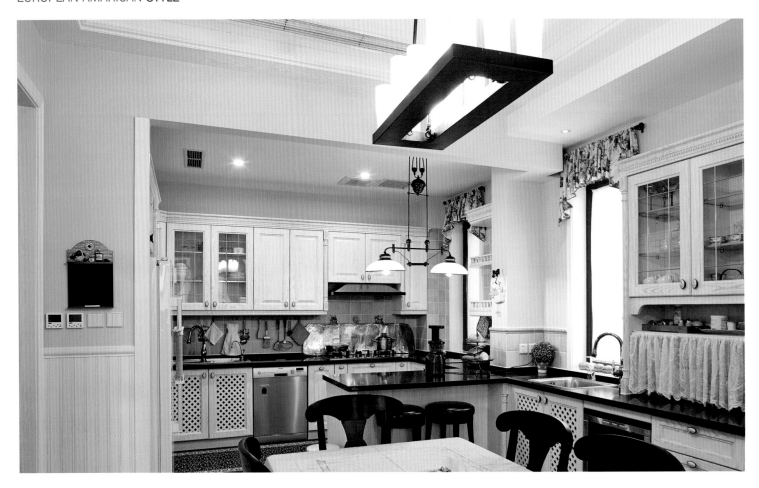

　　以"享受"为设计的最高原则，使居住环境带有浓浓的乡村气息。设计师在设计时，在空间中融入了一个完整的故事，体现"家"的精神面貌。家具强调舒适度和生活机能，色彩或自然清新，或饱和艳丽。

　　设计师将古典的家具平民化，讲求简化的线条、粗犷的体积和棉麻质地的布艺，加入一些小碎花布艺、铁艺、陶艺制品。家具陈设的自然、怀旧，饰品色彩的闲适、简单，摒弃生活中的繁杂，涤荡工作的繁重，只为自然之美。随意舒适的乡村风格，满足最初将家变成释放压力、缓解疲劳的地方的想法。

# 古典新生
## *Classical Reborn*

主案设计：池陈平
项目面积：500平方米

- 沉稳的灰色复古花纹沙发，彰显精致奢华，金色镶边的骨瓷茶具，华丽却不失清雅。
- 回字形的楼梯设计，衔接别墅室内空间，增添空间美感与设计感。

　　本案将欧式新古典主义的奢华风范演绎到极致，整个别墅装饰不论是空间布局、色彩搭配，还是家具饰品，都散发着华贵高雅的韵味。带点中式元素的玄关设计、暗红的门、黄金的墙纸、素雅的装饰画，明亮大方，给人以开放、宽容的非凡气度，让人丝毫不显局促。

　　在客厅装饰中，设计师依旧延用新古典主义风格常用的水晶灯来渲染空间的奢华感，无论是沙发、茶几，还是地毯、窗帘，新古典的精雕细琢、镶花刻金都体现得淋漓尽致。深色沙发搭配艳丽的地毯，相得益彰，精致的欧式图案装饰更显华丽；窗台上的复古留声机，无声胜有声。

# 浪漫华丽
## *Romantic Glamor*

主案设计：李新喆
项目面积：350平方米

- 运用石材雕刻的手法，使空间有贯穿感。
- 将紧凑的造型与夸张的细节相结合，打造了一个小体积、大规模的居所。

　　设计师运用独到的笔触塑造出别致的居住空间，整体设计以宽大、舒适为主。营造优雅、浪漫的生活氛围。注重细节设计的完整性，运用利落的线条，丰富的材质赋予空间生命力。透过室内与室外，光线与空间，所见之处都有赏心悦目的风景。餐厅的调光设计可以制造出不同的氛围。走廊的处理具有古典与现代的双重审美效果，塑造了空间的独特个性。

　　设计师将灵感、创造力完全应用于设计，不被任何因素约束，从而成功地打造了这一理想居所。